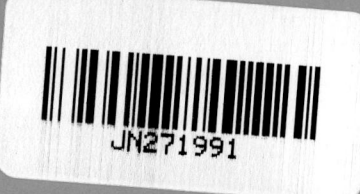

科学のアルバム
かがやくいのち

サツマイモ

いもの成長《せいちょう》

亀田龍吉

監修／白岩 等

あかね書房

科学のアルバム かがやくいのち

サツマイモ いもの成長《せいちょう》 もくじ

亀田龍吉《かめだりゅうきち》

自然写真家《しぜんしゃしんか》。1953年《ねん》、千葉県館山市生《ちばけんたてやましう》まれ。東海大学文学部史学科卒業《とうかいだいがくぶんがくぶしがくかそつぎょう》。人間《にんげん》もふくめたすべての自《し》然《ぜん》のかかわりあいに興味《きょうみ》をもち、「庭先《にわさき》から大自然《だいしぜん》まで」をモットーに撮影《さつえい》をつづけている。おもな著《ちょ》書《しょ》に、『バードウォッチングを楽《たの》しむ本《ほん》』(学習研究《がくしゅうけんきゅう》社《しゃ》)、『フィールドガイド・都会《とかい》の生物《せいぶつ》』『花《はな》と葉《は》で見《み》わける野草《やそう》』(小学館《しょうがくかん》)、『香《かお》りの植物《しょくぶつ》』『ヤマケイポケットガイド・ハーブ』『森《もり》の休日《きゅうじつ》・調《しら》べて楽《たの》しむ葉《は》っぱ博物館《はくぶつかん》』『町《まち》の休日《きゅうじつ》・歩《ある》いて楽《たの》しむ街路樹《がいろじゅ》の散歩道《さんぽみち》』(山《やま》と溪谷社《けいこくしゃ》)、『ここにいるよ』『雑草《ざっそう》の呼《よ》び名事《なじ》典《てん》』(世界文化社《せかいぶんかしゃ》)、『野草《やそう》のロゼットハンドブック』(文一総合出版《ぶんいちそうごうしゅっぱん》)、科学《かがく》のアルバムかがやくいのち『ゴーヤ　ツルレイシの成長《せいちょう》』『ツバメ　春《はる》にくる渡《わた》り鳥《どり》』(あかね書房《しょぼう》)などがある。

●

サツマイモは、強《つよ》い夏《なつ》の日《ひ》ざしやかんそうにもたえ、ほかの作物《さくもつ》が育《そだ》たないようなきびしい条《じょう》件《けん》の土地《とち》でも長《なが》い茎《くき》をぐんぐんのばし、地面《じめん》がみえなくなるほどたくさんの葉《は》をつけて、太陽《たいよう》のエネルギーをうけとめます。サツマイモがあまくておいしいのは、夏《なつ》のあいだにためた太陽《たいよう》のエネルギーがぎっしりつまっているからです。サツマイモを自分《じぶん》で育《そだ》ててみてください。サツマイモも、それをたべる私《わたし》たちも、地球上《ちきゅうじょう》の生《い》き物《もの》であること、そしてそれらはみな太陽《たいよう》の恩恵《おんけい》をうけていることを、実感《じっかん》できることでしょう。

白岩《しらいわ》 等《ひとし》

筑波大学附属小学校教諭《つくばだいがくふぞくしょうがっこうきょうゆ》。1960年生《ねんう》まれ。横浜国《よこはまこく》立大学教育学部理科教育学科卒業《りつだいがくきょういくがくぶりかきょういくがっかそつぎょう》。専門《せんもん》は理科教育《りかきょういく》学《がく》。現在《げんざい》、筑波大学附属小学校《つくばだいがくふぞくしょうがっこう》での理科教育《りかきょういく》をおこないながら、小学校理科《しょうがっこうりか》、生活科《せいかつか》の教科書編集委員《きょうかしょへんしゅういいん》、NHK《エヌエイチケー》 理科教育番組編成協力委員《りかきょういくばんぐみへんせいきょうりょくいいん》、日本初等理科教《にほんしょとうりかきょう》育研究会《いくけんきゅうかい》の副理事長《ふくりじちょう》、雑誌《ざっし》『初等理科教育《しょとうりかきょういく》』の編集《へんしゅう》委員《いいん》などをつとめている。理科教育《りかきょういく》に関《かん》する著書《ちょしょ》および論文《ろんぶん》、動物《どうぶつ》・植物《しょくぶつ》などをあつかった児童向《じどうむ》け書《しょ》籍《せき》(監修《かんしゅう》や執筆指導《しっぴつしどう》を担当《たんとう》)が多数《たすう》ある。

●

サツマイモは栄養《えいよう》がたくさんあるにもかかわらず、栽培《さいばい》にあまり手《て》をかけずに収穫《しゅうかく》できる作物《さくもつ》です。秋《あき》の味覚《みかく》の代表的《だいひょうてき》なものといってよいでしょう。畑《はたけ》や庭《にわ》がなくても、培養土《ばいようど》のふくろをつかってベランダなどで栽培《さいばい》することができるので、ぜひみなさんも育《そだ》ててみてください。サツマイモは、葉《は》でつくられた栄養《えいよう》が根《ね》にたくわえられ、その部分《ぶぶん》が大《おお》きくなりいもになります(ジャガイモは地下茎《ちかけい》の先《さき》にできる)。そこで、収穫《しゅうかく》するときにぜひ、いもができているようすをみてほしいと思《おも》います。また、サツマイモができるまでにアリをはじめ、いろいろな虫《むし》がやってきます。何《なに》をしに来《く》るのか観察《かんさつ》してみるのも楽《たの》しいですね。

第《だい》1章《しょう》　茎《くき》でふえるサツマイモ

わらでかこまれたわくの中《なか》に、緑色《みどりいろ》の葉《は》っぱがたくさんみえています。じつは、これはサツマイモの葉《は》っぱです。土《つち》をほってみると、中《なか》には大《おお》きなサツサイモがいくつもあり、そこから茎《くき》が出《で》て、葉《は》と根《ね》がのびています。5月《がつ》のはじめなのに、もうこんなに大《おお》きなサツマイモができているのでしょうか。そうではありません、これはなえどこで、サツマイモのなえを育《そだ》てているのです。サツマイモがどのように育《そだ》っていくのかを、みていきましょう。

■なえどこで育《そだ》てられているサツマイモのなえ。

▲なえをつくるためにうめられているサツマイモ。いもから茎《くき》がのび、葉《は》と根《ね》が出《で》ています。

いもから茎《くき》がのびた

ダイコンやキャベツ、ニンジン、トウモロコシなどの野菜《やさい》は、土《つち》にたねをまき、たねから芽《め》を出《だ》させて育《そだ》てます。でも、ジャガイモやサトイモなどは、たねをまかず、いもを土《つち》にうめて、いもから芽《め》を出《だ》させます。サツマイモは、いもを土《つち》にうめるのは同《おな》じですが、いもから出《で》た芽《め》が育《そだ》ったら、それをなえとして植《う》えて育《そだ》てます。

なえをつくるためにうめるこのいものことを、「たねいも」といいます。サツマイモのたねいもは、4月《がつ》ごろに土《つち》にうめます。しめった土《つち》をわらなどでかこって、土《つち》が暖《あたた》かくなるようにすると、1週間《しゅうかん》くらいのうちに、サツマイモのあちこちから芽《め》が出《で》て、それが地面《じめん》の上《うえ》に顔《かお》を出《だ》してきます。

▽たねいもからのびた茎《くき》。空気《くうき》がしめっていて、30℃《ど》くらいの暖《あたた》かさがあると、土《つち》がなくても芽《め》を出《だ》します。

△たねいもからのびた茎《くき》が、地面《じめん》の上《うえ》に出《で》てきました。土《つち》が暖《あたた》かくたもたれるように、なえどこには、落《お》ち葉《ば》やおがくずなどをたくさんまぜてあります。出《で》てきたばかりの茎《くき》は、全体《ぜんたい》がひょろひょろとした感《かん》じで、ところどころがうすいピンク色《いろ》になっていますが、だんだん茎《くき》の色《いろ》がこくなり、先《さき》にある葉《は》の部分《ぶぶん》は、きれいな緑色《みどりいろ》になります。

▶数日《すうじつ》で葉《は》が大《おお》きくなり、茎《くき》ものびてきます。茎《くき》がのびるにつれて、葉《は》の数《かず》もふえていきます。

いもからなえを切《き》りはなす

たねいもから出《で》た茎《くき》が20～30センチメートルほどにのびたら（葉《は》の柄《え》が7本《ほん》から9本《ほん》出《で》た状態《じょうたい》）、茎《くき》のつけねに葉《は》を2まいのこすように切《き》って、なえにします。

地面《じめん》の下《した》にある茎《くき》のつけねのあたりには、たくさんの根《ね》が出《で》ています。しかし、この根《ね》は植《う》えるまでにしおれてしまうので、根《ね》をわざわざのこす必要《ひつよう》はありません。切《き》りとったなえは、すぐには植《う》えず、風通《かぜとお》しのよい日《ひ》かげに置《お》き、2日《ふつか》ほどほしておきます。

▲たねいもからのびた茎《くき》（地面《じめん》の上《うえ》のようす）。のびた茎《くき》から葉《は》の柄《え》が7～9本《ほん》くらい出《で》て、高《たか》さ20～30cmほどになっています。

サツマイモのなえ。地上《ちじょう》に出《で》ている部分《ぶぶん》の根元《ねもと》から２本《ほん》めの葉《は》の柄《え》のところで、茎《くき》と切《き》りはなしたものです。茎《くき》が太《ふと》く、節《ふし》（葉《は》がついている柄《え》と柄《え》のあいだの部分《ぶぶん》）が短《みじか》いものをなえにします。

茎《くき》が 30㎝ほどにのびた状態《じょうたい》のたねいもをほり上《あ》げたもの。１つのいもから十数本《じゅうすうほん》～数十本《すうじっぽん》のなえが得《え》られます。

地面《じめん》の下《した》のたねいものようす。地面《じめん》の下《した》の茎《くき》のあちこちから、細《ほそ》い根《ね》がたくさんのびています。

■ 30～40㎝くらいあいだをおいて、畑《はたけ》になえを１列《れつ》に植《う》えていきます。1.5㎝ほどの太《ふと》さのぼうなどであなをあけ、そこになえをさしこみ、上《うえ》から手《て》で土《つち》をかるくおしつけるようにして、植《う》えます。

なえを植《う》える

たねいもから切《き》りとってほしておいたなえは、２日《ふつか》ほどたつと、葉《は》が少《すこ》ししおれた感《かん》じになっています。サツマイモの栽培《さいばい》は、この少《すこ》ししおれたなえを日当《ひあた》りのよい畑《はたけ》に植《う》えて、おこないます。

いろいろな植《う》え方《かた》がありますが、なえをななめにして植《う》えると、できるいもの数《かず》が多《おお》くなります。茎《くき》をまっすぐに植《う》えた場合《ばあい》には、できるいもの数《かず》は少《すく》なくなりますが、いもが大《おお》きく育《そだ》ちます。

なえを植《う》えたあとは、土《つち》にたっぷりと水《みず》をやります。畑《はたけ》には、ひょろひょろのなえが、力《ちから》なく横《よこ》たわっています。まだ、根《ね》もなく、葉《は》も数《すう》まいしかついていませんが、これが育《そだ》って、畑《はたけ》をおおいつくすほどになるのです。

いもを植《う》える

なえではなく、サツマイモをななめに土《つち》にうめて、そのまま育《そだ》てる方法《ほうほう》もあります。土《つち》がかわきやすい場所《ばしょ》に適《てき》した方法《ほうほう》ですが、できるいもの数《かず》は少《すく》なくなります。葉《は》がのびると、土《つち》から出《で》ているいもがトンボの腹《はら》のようにみえるので、この栽培方法《さいばいほうほう》は「トンボ栽培《さいばい》」とよばれています。

△ 5月《がつ》ごろに植《う》えた直後《ちょくご》のようす。

△ 9月《がつ》ごろには、植《う》えたいもはすっかりひからびてしまいます。

△ トンボ栽培《さいばい》で育《そだ》ったサツマイモ。土《つち》にうめた部分《ぶぶん》から出《で》た茎《くき》から根《ね》が出《で》て、いもになります。

▲植《う》えてから４日《よっか》後《ご》のなえ。茎《くき》は元気《げんき》なくたおれ、ほとんどの葉《は》がかれています。

育《そだ》っていくなえ

畑《はたけ》に植《う》えられたサツマイモのなえは、何日《なんにち》かたつと、ぐったりして、さらにしおれてしまいました。ほとんどの葉《は》がしおれて黒《くろ》くなり、なかには柄《え》ごと落《お》ちてしまっている部分《ぶぶん》もあります。でも、このまま全体《ぜんたい》がかれてしまうわけではありません。土《つち》の下《した》では、新《あたら》しい根《ね》がのび、土《つち》の中《なか》の栄養《えいよう》をすい上《あ》げて育《そだ》つじゅんびをしているのです。

それがわかるのは、植《う》えて１週間《しゅうかん》から10日《とおか》ほどあとです。茎《くき》の先《さき》に小《ちい》さな葉《は》の芽《め》ができ、その芽《め》から葉《は》がのびていきます。さらに、のびてゆく茎《くき》からたくさんの葉《は》が出《で》ます。植《う》えて１か月《げつ》ほどたつころには、太《ふと》くなった茎《くき》に大《おお》きな葉《は》がしげり、りっぱなすがたになります。

植《う》えてから１週間後《しゅうかんご》のなえ。茎《くき》の先《さき》と、葉《は》のつけねの部分《ぶぶん》に小《ちい》さな葉《は》の芽《め》（黄色《きいろ》い矢印《やじるし》）が出《で》てきました。

植《う》えてから半月後《はんつきご》のなえ。新《あたら》しい葉《は》の柄《え》がのび、その先《さき》の葉《は》も大《おお》きくなってきました。

植《う》えてから１か月《げつ》ほどたちました。元気《げんき》に立《た》ち上《あ》がった太《ふと》い茎《くき》から、たくさんの葉《は》が出《で》て、どんどん成長《せいちょう》していきます。

■つるをのばして育《そだ》っていくサツマイモ。あいだをおいてのびた葉《は》が、育《そだ》つにつれてかさなりあい、ドームのようになります。

葉《は》がしげっていく

むしあつい雨《あめ》の日《ひ》がつづく梅雨《つゆ》のあいだ、サツマイモは地面《じめん》をはうように、茎《くき》（つる）をのばし、葉《は》をしげらせていきます。つるの先《さき》には、あいだをあけて、つぎつぎに新《あたら》しい葉《は》ができてきます。また、葉《は》のつけねの部分《ぶぶん》からは、新《あたら》しい根《ね》が出《で》てきて、地面《じめん》の中《なか》にどんどんのびていきます。

サツマイモの葉《は》の柄《え》は、地面《じめん》をはってのびるつるから、上《うえ》へ立《た》ち上《あ》がるようにのびます。そのため、葉《は》がしげってくると、葉《は》と地面《じめん》のあいだにはすきまができ、たくさんの大《おお》きな葉《は》におおわれたドームのようになります。太陽《たいよう》の光《ひかり》が葉《は》でさえぎられるので、葉《は》の下《した》の地面《じめん》には雑草《ざっそう》が少《すく》なく、風通《かぜとお》しがよくなります。

つるからのびるサツマイモの葉《は》。茎《くき》がのびていく方向《ほうこう》からみると、下《した》の図《ず》のように、1まいごとに時計《とけい》まわりに144度《ど》ずれた角度《かくど》で、葉《は》の柄《え》が出《で》て、6まいめで最初《さいしょ》の葉《は》の柄《え》と同《おな》じ位置《いち》に柄《え》がつきます。そのため、地面《じめん》から葉《は》までの高《たか》さにちがいができ、どの葉《は》にもじゅうぶんに光《ひかり》があたるようになっています。

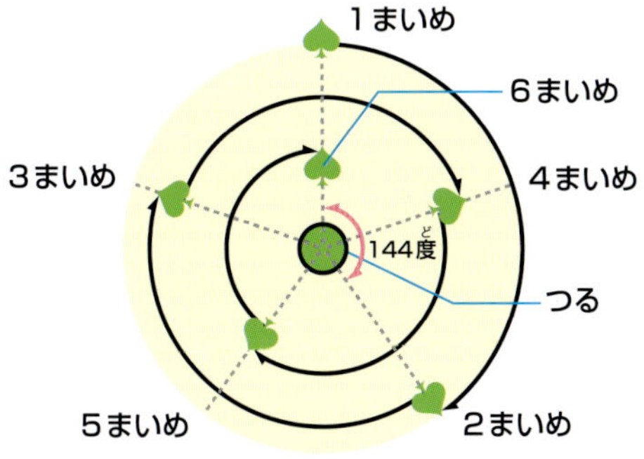

葉《は》の柄《え》のつけねからは、いもができる根《ね》（不定根《ふていこん》）が2つと葉《は》のわき芽《め》が出《で》ます。

つるの先《さき》（矢印《やじるし》）には葉《は》の柄《え》がつく節《ふし》がつぎつぎにできて、それが大《おお》きくなるにつれて、つるが先《さき》へとのびていきます。

光《ひかり》をあびて栄養《えいよう》をつくる

サツマイモは、１本《ぽん》のなえから育《そだ》って大《おお》きくなります。育《そだ》つための栄養《えいよう》は、根《ね》からすい上《あ》げる水《みず》、そして葉《は》からとり入《い》れた空気《くうき》の中《なか》の二酸化炭素《にさんかたんそ》を材料《ざいりょう》にしてつくります。そして、葉《は》の中《なか》にある葉緑体《ようりょくたい》というつぶの中《なか》で、葉《は》があびる太陽《たいよう》の光《ひかり》のエネルギーをつかって、材料《ざいりょう》から栄養《えいよう》（でんぷん）をつくりだす作業《さぎょう》「光合成《こうごうせい》」がおこなわれるのです。

サツマイモの茎《くき》や葉《は》、根《ね》には、すい上《あ》げた水《みず》をはこぶ管《くだ》（道管《どうかん》）と、葉《は》で光合成《こうごうせい》をしてつくった栄養《えいよう》をはこぶ管《くだ》（師管《しかん》）がたくさんあります。つくられたでんぷんは、水《みず》にとけやすい形《かたち》にかえられて、師管《しかん》を通《とお》って体《からだ》のすみずみにはこばれます。

△柄《え》が分《わ》かれて、たくさんの葉《は》をのばしているサツマイモのつる。つるが先《さき》にのびて葉《は》の数《かず》がふえるのと同時《どうじ》に、わき芽《め》が出《で》たり、柄《え》が分《わ》かれて葉《は》をしげらせていきます。また、つるの先《さき》が切《き》れたりすると、つるからわき芽《め》が出《で》て数《かず》がふえていきます。

◁サツマイモの葉《は》の表側《おもてがわ》（左《ひだり》）とうら側《がわ》（右《みぎ》）。葉《は》にあるあみの目《め》のようなすじの中《なか》に、師管《しかん》と道管《どうかん》のたば（維管束《いかんそく》）が通《とお》っています。維管束《いかんそく》は葉《は》の柄《え》の部分《ぶぶん》を通《とお》り、茎《くき》、そして根《ね》につながっています。

光合成《こうごうせい》の実験《じっけん》

△左側《ひだりがわ》の葉《は》に四角《しかく》い切《き》れこみ、右側《みぎがわ》の葉《は》に三角《さんかく》の切《き》れこみを入《い》れて、目印《めじるし》にしました。

△右側《みぎがわ》の葉《は》をアルミホイルでおおい、光《ひかり》があたらないようにして、1日《にち》そのまま置《お》きます。

△熱湯《ねっとう》につけてやわらかくした葉《は》に、ヨウ素《そ》溶液《ようえき》という薬《くすり》をつけます。でんぷんがつくられた左側《ひだりがわ》の葉《は》は、葉《は》のほとんどが青《あお》むらさき色《いろ》になっています。

▽▷根《ね》から食紅《しょくべに》をとかした水《みず》をすわせたサツマイモの茎《くき》の断面《だんめん》。赤《あか》くなっている部分《ぶぶん》が道管《どうかん》（矢印《やじるし》）で、師管《しかん》もそのまわりにあります。

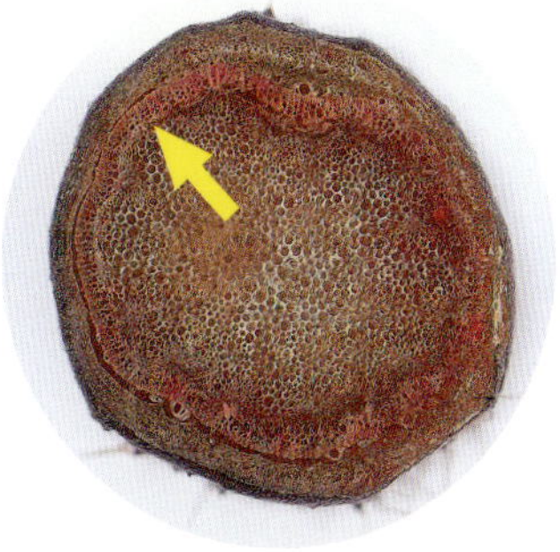

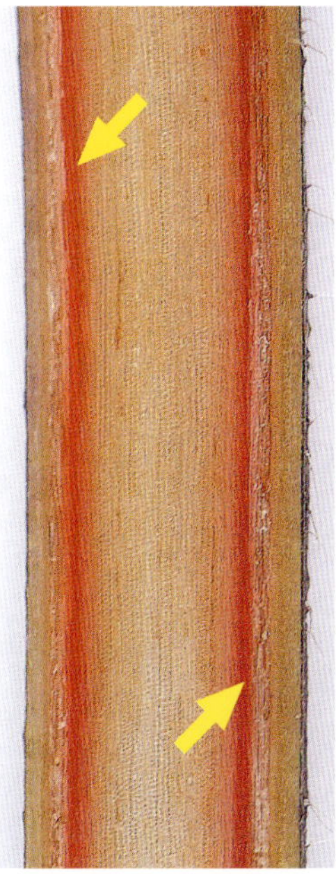

光合成《こうごうせい》のしくみ

葉《は》の中《なか》にある葉緑体《ようりょくたい》では、根《ね》からすい上《あ》げた水《みず》と葉《は》からとり入《い》れた二《に》酸化炭素《さんかたんそ》を、太陽《たいよう》の光《ひかり》のエネルギーを使《つか》って、でんぷんと酸素《さんそ》にかえます。さらに、でんぷんは水《みず》にとけにくい性質《せいしつ》をもつので、水《みず》にとけやすい形《かたち》にかえられ、栄養《えいよう》として体中《からだじゅう》にはこばれます。

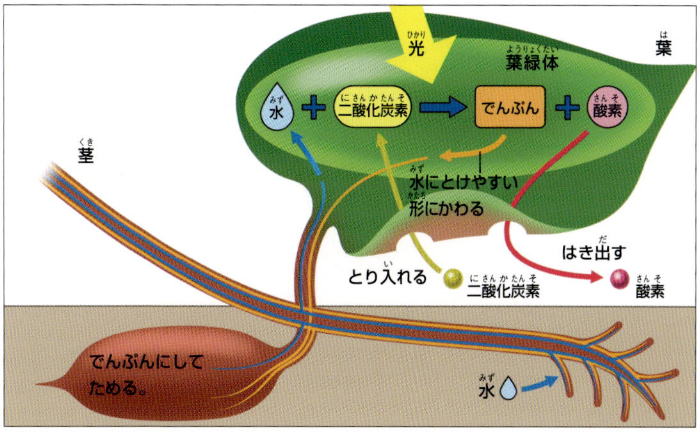

■梅雨《つゆ》のころのサツマイモ。むらさき色《いろ》に色《いろ》がついているのが、太《ふと》りはじめた不定根《ふていこん》です。

栄養《えいよう》をためて大《おお》きくなるいも

梅雨《つゆ》がおわるころのサツマイモは、つるをのばして、たくさんの葉《は》をしげらせています。そして、夏《なつ》の太陽《たいよう》の光《ひかり》をあびて、葉《は》ではとてもたくさんの栄養《えいよう》がつくられます。この栄養《えいよう》は、つるや葉《は》が成長《せいちょう》するためにつかってもあまります。

サツマイモでは、このあまった栄養《えいよう》が地面《じめん》の下《した》にある不定根《ふていこん》にためられます。水《みず》にとけやすい形《かたち》で体《からだ》をめぐった栄養《えいよう》のあまりは、不定根《ふていこん》にためられ、そこでふたたびでんぷんにかわって、細胞《さいぼう》（63ページ）の中《なか》にためられていきます。そして、でんぷんがたまるほど不定根《ふていこん》が太《ふと》り、りっぱないもに育《そだ》っていくのです。

■梅雨《つゆ》がおわるころのサツマイモ。でんぷんをたくわえた部分《ぶぶん》が少《すこ》し太《ふと》くなってきて、いもの形《かたち》になってきました。

△梅雨《つゆ》のころの不定根《ふていこん》を切《き》って、ヨウ素溶液《そようえき》をつけました。でんぷんが少《すく》なく、あまりこい青《あお》むらさき色《いろ》にはなりません。

△大《おお》きく育《そだ》ったサツマイモを同《おな》じようにしらべると、でんぷんが多《おお》くたまっているので、こい青《あお》むらさき色《いろ》になります。

第《だい》2章《しょう》 いろいろないものでき方《かた》

ジャガイモやサトイモ、ヤマノイモなど、わたしたちはサツマイモのほかにも、いろいろないもを利用《りよう》しています。どのいもも土《つち》の中《なか》にできますが、すべてが同《おな》じ育《そだ》ち方《かた》をするわけではありません。これらのいもは、いくつかのグループに分《わ》けられ、グループごとに育《そだ》ち方《かた》がちがうのです。

◻いろいろないも。左《ひだり》からサツマイモ、ヤマノイモ（ジネンジョ）、サトイモ、ジャガイモ。

■大《おお》きく育《そだ》ったサツマイモの塊根《かいこん》。でんぷんがあまりたまらなかった部分《ぶぶん》は、太《ふと》らずにゴボウのような形《かたち》です。

根《ね》が太《ふと》っていもになる

サツマイモは、根《ね》に栄養《えいよう》がたくわえられて、その部分《ぶぶん》が大《おお》きくなり、いもになります。このようにしてできるいもや球根《きゅうこん》を、塊根《かいこん》といいます。塊根《かいこん》をつくる植物《しょくぶつ》には、タピオカという食品《しょくひん》の原料《げんりょう》になるキャッサバがあります。また、ダリアやカラスウリなどの根《ね》も塊根《かいこん》になりますが、食用《しょくよう》にはしません。

◀キャッサバの塊根《かいこん》。世界各地《せかいかくち》で栽培《さいばい》されているいもです。そのままたべるとどくがあるので、どくをぬいてから、食用《しょくよう》にします。でんぷんをとったり、酒《さけ》の原料《げんりょう》にもします。

▲ココナッツミルクのデザート。キャッサバのでんぷん（タピオカ）を加工《かこう》したタピオカパールが入《はい》っています。

▲ダリアの花《はな》。いろいろな種類《しゅるい》があり、塊《かい》根《こん》を植《う》えて栽培《さいばい》するものと、たねから栽《さい》培《ばい》するものがあります。

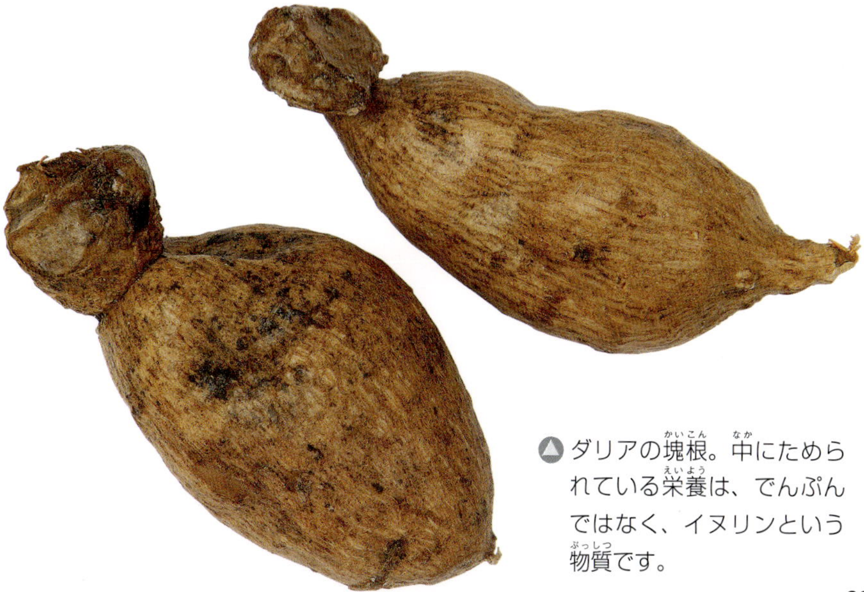

▲ダリアの塊根《かいこん》。中《なか》にためられている栄養《えいよう》は、でんぷんではなく、イヌリンという物質《ぶっしつ》です。

■いもが育《そだ》ちはじめたころのジャガイモの地下《ちか》のようす。白《しろ》くのびた地下茎《ちかけい》が枝分《えだわ》かれし、その先《さき》がふくらんできています。

地下茎《ちかけい》が太《ふと》っていもになる

わたしたちがよくたべるジャガイモは、サツマイモとはちがう育《そだ》ち方《かた》をするいもです。ジャガイモのいもは、地下《ちか》にのびる茎《くき》のところどころに栄養《えいよう》がたくわえられ、ふくらんだものです。このようにしてできるいもや球根《きゅうこん》を、塊茎《かいけい》といいます。

塊茎《かいけい》をつくる植物《しょくぶつ》には、ジャガイモやキクイモ、アネモネやシクラメンなどがあります。塊茎《かいけい》がついている地下茎《ちかけい》は、ちょっとみると根《ね》のようにみえます。しかし、地下茎《ちかけい》の先《さき》には芽《め》がついていて、根《ね》はありません。根《ね》は地下茎《ちかけい》よりもずっと細《ほそ》く、茎《くき》と地下茎《ちかけい》のさかいめからのびます。塊茎《かいけい》ができる植物《しょくぶつ》は、冬《ふゆ》になると地上《ちじょう》の部分《ぶぶん》がかれてしまい、冬《ふゆ》をこした地下《ちか》の塊茎《かいけい》から芽《め》が出《で》て、育《そだ》ちます。

△育《そだ》ってきたジャガイモの塊茎《かいけい》。茎《くき》と地下茎《ちかけい》のさかいめから、たくさんの細《ほそ》い根《ね》がのびています。

△すっかり大《おお》きく育《そだ》ったジャガイモの塊茎《かいけい》。塊茎《かいけい》のあちこちに小《ちい》さなくぼみがあり、そこに芽《め》があります。

◁△アネモネの塊茎《かいけい》（左《ひだり》）と花《はな》（上《うえ》）。栽培用《さいばいよう》に売《う》られている塊茎《かいけい》（球根《きゅうこん》）は、写真《しゃしん》のように乾燥《かんそう》してひからびたような状態《じょうたい》です。植《う》えるときは、ゆっくりと水《みず》をすわせ、ふくらませてから植《う》えます。

◁△シクラメンの塊茎《かいけい》（左《ひだり》）と花《はな》（上《うえ》）。たねから育《そだ》てたものが売《う》られていますが、地下《ちか》には塊茎《かいけい》があって、年《とし》をこすにつれて大《おお》きくなっていきます。

■サトイモの地面《じめん》の下《した》のようす。白《しろ》く太《ふと》った親《おや》いものまわりに、子《こ》いもや孫《まご》いもができていきます。円内《えんない》は、親《おや》いもから切《き》りはなした子《こ》いも。

茎《くき》の根元《ねもと》が太《ふと》っていもになる

地下茎《ちかけい》が太《ふと》くなっていもになるものでも、サトイモは少《すこ》しちがったいものでき方《かた》をします。茎《くき》の根元《ねもと》の部分《ぶぶん》が太《ふと》って、いもになるのです。茎《くき》のつけねの部分《ぶぶん》は、葉《は》のつけねが何重《なんじゅう》にもかさなっていて、いもは、葉《は》のつけねの部分《ぶぶん》のうすい皮《かわ》でつつまれた形《かたち》になっています。このようないもを、球茎《きゅうけい》といいます。

球茎《きゅうけい》をつくる植物《しょくぶつ》には、グラジオラスやクロッカス、アヤメ、コンニャク、クワイなどがあります。球茎《きゅうけい》には、上側《うえがわ》に1個《こ》から数個《すうこ》の芽《め》があり、そこから茎《くき》や葉《は》をのばします。

茎《くき》のつけねにある大《おお》きな親《おや》いものまわりに、小《ちい》さな子《こ》いもや孫《まご》いもがいくつかでき、それが育《そだ》って大《おお》きくなります。

△グラジオラスの球根《きゅうこん》（球茎《きゅうけい》）。栽培《さいばい》には直径《ちょっけい》3～4㎝くらいのものをつかいます。球根《きゅうこん》はたべられません。

◁グラジオラスの花《はな》。いろいろな色《いろ》があります。春《はる》に球根《きゅうこん》を植《う》えて、夏《なつ》に花《はな》がさくものが多《おお》いです。

△クワイ。水《みず》をはった田《た》んぼのような場所《ばしょ》で栽培《さいばい》されます。

◁クワイの球茎《きゅうけい》。芽《め》が出《で》ているようすから、めでたい食材《しょくざい》として、正月料理《しょうがつりょうり》にもつかわれます。皮《かわ》をむいて水《みず》にさらし、ゆでるなどしてたべます。

△コンニャク。インドから東南《とうなん》アジアが原産《げんさん》といわれる作物《さくもつ》で、日本《にほん》では群馬県《ぐんまけん》や栃木県《とちぎけん》を中心《ちゅうしん》に栽培《さいばい》されています。

◁コンニャクの球茎《きゅうけい》（こんにゃくいも）。すりつぶしたものから、こんにゃくをつくります。

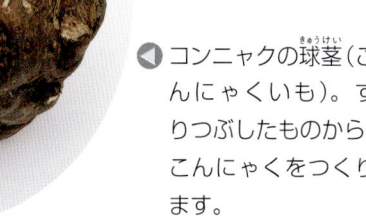

根《ね》でも茎《くき》でもないものがいもになる

ヤマノイモ（ヤマイモ）は、地面《じめん》やほかのものにつるをはわせて育《そだ》つ植物《しょくぶつ》で、地面《じめん》の下《した》にいもができます。もともとは山《やま》にはえていたヤマノイモのいも（ジネンジョ）をほりだして、食用《しょくよう》にしていました。そこから、栽培用《さいばいよう》のいもとしてヤマトイモがつくられました。よくにているナガイモは中国原産《ちゅうごくげんさん》のいもで、日本《にほん》でも昔《むかし》から栽培《さいばい》され、食用《しょくよう》にしています。さらにこのなかまは、世界中《せかいじゅう》の熱帯地域《ねったいちいき》で広《ひろ》く食用《しょくよう》に栽培《さいばい》されていて、ヤムイモという名《な》でよばれています。

ヤマノイモやナガイモ、ヤムイモは、みた感《かん》じは、サツマイモのように根《ね》が太《ふと》くなった塊根《かいこん》のようです。でも、くわしくしらべると、根《ね》でも地下茎《ちかけい》でもない「担根体《たんこんたい》」という部分《ぶぶん》に栄養《えいよう》がたまって太《ふと》くなったものです。担根体《たんこんたい》は、つるのとちゅうや先《さき》から地下《ちか》にのびて、植物全体《しょくぶつぜんたい》をささえるやくわりをします。たねいもにするときは、いくつに切《き》っても、それぞれから芽《め》と根《ね》が出《で》ます。

■ 土《つち》の中《なか》からほり出《た》したヤマノイモ（ジネンジョ）。地中《ちちゅう》に深《ふか》くのびていき、長《なが》さ1m以上《いじょう》になるものもあります。

△ヤマノイモの地中《ちちゅう》のようす。

△ナガイモにはいろいろな種類《しゅるい》があります。まるくてでこぼこのあるツクネイモや、グローブのような形《かたち》をしたこのイチョウイモも、ナガイモの種類《しゅるい》のひとつです。

△東南《とうなん》アジアなどで育《そだ》てられているヤムイモ（ダイジョ）。日本《にほん》でも、四国《しこく》や九州《きゅうしゅう》、沖縄《おきなわ》などで、わずかですが栽培《さいばい》されています。

第《だい》3章《しょう》 サツマイモができた

暑《あつ》い夏《なつ》になると、サツマイモ畑《ばたけ》ではのびたつるから出《で》た葉《は》がしげり、下《した》の土《つち》がまったくみえないほどになります。たくさんの太陽《たいよう》の光《ひかり》をあびて葉《は》でつくられた栄養《えいよう》は、地下《ちか》のいもにどんどんためられていきます。そして、秋《あき》になって気温《きおん》が下《さ》がり、葉《は》がかれてくるころ、地面《じめん》の下《した》には太《ふと》ったサツマイモがたくさんできているのです。

■ 畑一面《はたけいちめん》に葉《は》をしげらせているサツマイモ。このころから、地下《ちか》のいもがどんどん成長《せいちょう》して、太《ふと》くなっていきます。

■ サツマイモの葉《は》からみつをすうアリ。円内《えんない》のでこぼこした小《ちい》さなへこみが、みつを出《だ》している場所《ばしょ》（花外蜜腺《かがいみつせん》）です。

アリをよぶみつ

　サツマイモの葉《は》をみていると、葉《は》と柄《え》のさかいめあたりに、アリがじっとしていることがあります。よくみると、何《なに》かをなめているようです。じつは、サツマイモが出《だ》すみつをなめているのです。

　植物《しょくぶつ》には、このように茎《くき》や葉《は》からみつを出《だ》して、アリをよんでいるものがたくさんあります。みつをなめにやってきたアリに、茎《くき》や葉《は》をたべる虫《むし》をおいはらってもらったり、産《う》みつけられた卵《たまご》などをどけて、持《も》ち帰《かえ》ってもらうためです。

　いろいろな虫《むし》たちが、サツマイモの葉《は》や茎《くき》、根《ね》をたべにやってきます。サツマイモは、これらの虫《むし》から、少《すこ》しでも自分《じぶん》を守《まも》ろうとしているのです。それでも、葉《は》や茎《くき》をたべられてしまいますが、サツマイモはじょうぶなので、少《すこ》しくらいなら何《なん》でもなく、いもは育《そだ》ちます。

△ドウガネブイブイの幼虫《ようちゅう》。コガネムシのなかまは、土《つち》の中《なか》で育《そだ》ち、いもや根《ね》をかじります。

△ホオズキカメムシ。カメムシのなかまは、茎《くき》や葉《は》などに針《はり》のような口《くち》をさして、しるをすいます。

△イモキバガの幼虫《ようちゅう》。葉《は》をたべて、おりたたんだ葉《は》を糸《いと》でつづって、巣《す》をつくります。写真《しゃしん》は巣《す》をひらいたもの。

△ハスモンヨトウの幼虫《ようちゅう》。ガの幼虫《ようちゅう》で、4㎝くらいになります。夜中《よなか》に動《うご》きまわって葉《は》をたべます。

△エビガラスズメの幼虫《ようちゅう》。ガの幼虫《ようちゅう》で、9㎝にもなります。葉《は》をくいあらし、大《おお》きな被害《ひがい》が出《で》ることもあります。

△ツチイナゴの幼虫《ようちゅう》。バッタのなかまは葉《は》をかじりますが、少量《しょうりょう》なので、被害《ひがい》が出《で》るようなことはほとんどありません。

■真夏《まなつ》の日《ひ》の下《した》のサツマイモ。強《つよ》すぎる光《ひかり》をさけるため、葉《は》をしおれさせたり、一部《いちぶ》をからして、身《み》を守《まも》ります。

太《ふと》っていくいも

7月《がつ》から8月《がつ》、サツマイモは葉《は》をしげらせ、地下《ちか》のいももどんどん大《おお》きくなります。この時期《じき》、のびたつるから不定根《ふていこん》がつぎつぎに出《で》て、地面《じめん》にもぐっていもになろうとします。でも、あまり数《かず》が多《おお》いと、いもが大《おお》きく育《そだ》ちません。そのため、のびたつるを引《ひ》っぱってうら返《がえ》し、新《あたら》しくのびた不定根《ふていこん》を土《つち》からぬく「つる返《がえ》し」という作業《さぎょう》をすることがあります。

真夏《まなつ》の太陽《たいよう》がじりじりとてりつける8月《がつ》、元気《げんき》だったサツマイモの葉《は》が、しおれてぐったりしています。でも、このままかれたりはしません。葉《は》の数《かず》を少《すこ》しへらして強《つよ》すぎる日《ひ》ざしをさけ、全体《ぜんたい》がかれてしまわないように調整《ちょうせい》しているのです。土《つち》もからからにかわいているようですが、土《つち》の中《なか》には水分《すいぶん》もあり、温度《おんど》も地上《ちじょう》ほど高《たか》くはなりません。

7月《がつ》のおわりごろの地下《ちか》のようす。いもが、少《すこ》しずつ太《ふと》くなってきています。

8月《がつ》の中《なか》ごろの地下《ちか》のようす。いもがさらに育《そだ》ち、太《ふと》くなるいもの数《かず》もふえてきました。

9月《がつ》の中《なか》ごろの地下《ちか》のようす。いもが大《おお》きく育《そだ》ってきて、根《ね》も長《なが》くのびています。根《ね》をたくさん出《だ》して長《なが》くのびているのは、いもにならなかった不定根《ふていこん》で、ふくらみがなく、ゴボウのようにまっすぐのびているので「ごぼう根《ね》」とよばれます。

花《はな》がさくこともある

夏《なつ》のおわりごろ、サツマイモ畑《ばたけ》をみていると、アサガオのような小《ちい》さな花《はな》がさいていることがあります。これは、サツマイモの花《はな》です。サツマイモはアサガオやヒルガオと同《おな》じなかま（ヒルガオ科《か》）で、よくにた花《はな》がさくのです。

サツマイモは、もともと暖《あたた》かい地域《ちいき》で育《そだ》つ植物《しょくぶつ》で、夏至《げし》をすぎて昼《ひる》が短《みじか》くなりだし、強《つよ》い日《ひ》ざしと高《たか》い温度《おんど》があると、つぼみがつきます。ですから、日本《にほん》でも沖縄《おきなわ》や九州《きゅうしゅう》など、南《みなみ》の地域《ちいき》ではよく花《はな》がみられます。でも、関東地方《かんとうちほう》などでは、温度《おんど》や日《ひ》ざしが弱《よわ》かったりして、つぼみができにくいので、なかなか花《はな》がみられません。最近《さいきん》は、栽培《さいばい》される種類《しゅるい》が多《おお》くなり、関東地方《かんとうちほう》あたりでもつぼみができて花《はな》がさく種類《しゅるい》も、少《すこ》しですがふえてきています。

△サツマイモの実《み》。花《はな》がかれると、アサガオと同《おな》じような実《み》ができ、中《なか》にはたね（円内《えんない》）ができます。たねからも育《そだ》てることができます。

■サツマイモの花《はな》。直径《ちょっけい》が３～５㎝くらいの小《ちい》さな花《はな》で、形《かたち》はアサガオにそっくりです。においをかいでみると、少《すこ》しあまいかおりがします。

葉《は》がかれた

秋分《しゅうぶん》の日《ひ》がすぎ、10月《がつ》のはじめになると、しげっていたサツマイモの葉《は》も、だんだんしおれて黄色《きいろ》くなり、かれたものが目立《めだ》ってきます。地面《じめん》の下《した》では、もうたくさんのいもが大《おお》きく育《そだ》って、ほり上《あ》げられるのをまっています。

■ 秋《あき》の中《なか》ごろのサツマイモ畑《ばたけ》。葉《は》がかれてきて、
畑全体《はたけぜんたい》が黄色《きいろ》っぽくみえています。

■ 葉《は》がかれて茶色《ちゃいろ》くなってきたサツマイモ。のびたつるは、夏《なつ》のおわりには3m以上《いじょう》の長《なが》さになります。写真《しゃしん》のかれているつるは、すべて1本《ぽん》のなえからのびたものです。

こんなに長《なが》くのびた

植《う》えたときには30センチメートルほどしかなかったサツマイモのなえからのびたつるは、どんどん成長《せいちょう》して、秋《あき》には3メートル以上《いじょう》もの長《なが》さになりました。なかには、6メートル以上《いじょう》にのびているつるもあります。

つるからは、たくさんの葉《は》や不定根《ふていこん》が出《で》て、地下《ちか》には大《おお》きく育《そだ》ったいもがたくさんできています。なえの植《う》え方《かた》にもよりますが、1本《ぽん》のなえからは、ふつう3本《ぼん》から8本《ほん》くらいのいもができます。いもの数《かず》が多《おお》いものよりも、数《かず》が少《すく》ないものの方《ほう》が、いもが大《おお》きく育《そだ》つことが多《おお》いようです。

また、同《おな》じつるにできたいもをみると、大《おお》きさに、かなりはばがあります。いもごとに太《ふと》さがちがっているからです。でも、太《ふと》さはちがっていても、いもの長《なが》さは、先《さき》の細《ほそ》い部分《ぶぶん》までふくめると、あまりかわらないことがわかります。

△ 1本《ぽん》のなえからのびたつると、できたいも。つるは枝分《えだわ》かれして、長《なが》くのび、たくさんの葉《は》がついているのがわかります。

◁ つるの根元《ねもと》に近《ちか》い場所《ばしょ》からのびた不定根《ふていこん》の先《さき》には、大《おお》きく育《そだ》ったさつまいもが、3～8本《ほん》ほど、かたまってついています。

たくさんのいもができた

秋《あき》もおわりに近《ちか》くなると、サツマイモ畑《ばたけ》では、あちこちで大《おお》きく育《そだ》ったいもをほり上《あ》げています。土《つち》をほって、いもを地面《じめん》にほり上《あ》げ、長《なが》くのびたつるを根元近《ねもとちか》くで切《き》っていきます。そして、地面《じめん》にならべられたいもを、１本《ぽん》ずつ不定根《ふていこん》から切《き》りはなし、あつめます。あまくておいしいサツマイモは、こうしてつくられるのです。

■ほり上《あ》げて地面《じめん》にならべられたいもを、かまをつかって不定根《ふていこん》から切《き》りはなす作業《さぎょう》をしています。

メキシコの市場《いちば》で売《う》られているサツマイモ。左《ひだり》はヒカマ（クズイモ）というマメ科《か》のいも。

サツマイモを調《しら》べよう ①

サツマイモは、日本各地《にほんかくち》で栽培《さいばい》されているいもです。種類《しゅるい》もたくさんあり、世界《せかい》には3000～4000種類《しゅるい》もあります。サツマイモの原産地《げんさんち》は、南《みなみ》アメリカのペルーのあたりにあったインカ帝国《ていこく》で、今《いま》から3000年《ねん》ほど前《まえ》には、すでに栽培《さいばい》されていたようです。それが中南米《ちゅうなんべい》や太平洋《たいへいよう》の島《しま》じまにつたわり、東南《とうなん》アジアやヨーロッパ、アフリカなど、世界中《せかいじゅう》へとつたわったようです。

日本《にほん》では、60種類《しゅるい》ほどが栽培《さいばい》されています。都道府県別《とどうふけんべつ》にみると、鹿児島県《かごしまけん》で全体《ぜんたい》の35%近《ちか》くの量《りょう》がつくられていて、そのほかに茨城県《いばらきけん》や千葉県《ちばけん》、宮崎県《みやざきけん》や徳島県《とくしまけん》、熊本県《くまもとけん》などで多《おお》くつくられています。

サツマイモが世界中《せかいじゅう》につたわったルート

●世界中《せかいじゅう》でたべている

サツマイモは、世界《せかい》のさまざまな国《くに》でつくられ、食用《しょくよう》や家畜《かちく》のえさ、でんぷんやアルコールの原料《げんりょう》などにつかわれています。1年間《ねんかん》で国民《こくみん》1人《ひとり》がもっともたくさんサツマイモをたべる国《くに》は、ソロモン諸島《しょとう》で175キログラム、2位《い》はアフリカのルワンダ、日本《にほん》は約《やく》7キログラムで32位《い》でした（2019年《ねん》）。

おもな県《けん》のサツマイモの生産量《せいさんりょう》（2019年《ねん》）

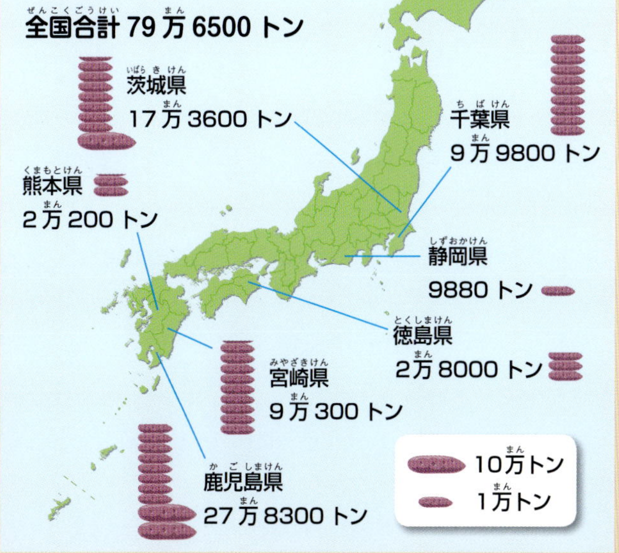

農林水産省作物統計（2019年）

*それぞれのルートの名前《なまえ》は、そのルートをつたわっていったときのサツマイモのよび名《な》です。

サツマイモを調《しら》べよう②

サツマイモは、栽培《さいばい》にあまり手間《てま》がかからず、しかもたくさん収穫《しゅうかく》できる作物《さくもつ》です。1000平方《へいほう》メートルの田《た》んぼでイネを育《そだ》てると、ふつうは500キログラム、多《おお》くても1000キログラムの米《こめ》しかとれません。ところが、サツマイモは同《おな》じ広《ひろ》さの畑《はたけ》で育《そだ》てると、ふつうで2000～3000キログラム、多《おお》いときには1万《まん》キログラムものいもがとれます。

また、天候《てんこう》が不順《ふじゅん》で米《こめ》や麦《むぎ》があまりできない「ききん」のときも、元気《げんき》に育《そだ》ちます。そのため、昔《むかし》からききんのときに、世界《せかい》のあちこちで米《こめ》や麦《むぎ》のかわりにたべられ、たくさんの人《ひと》びとのいのちをすくってきました。

●栄養《えいよう》がたくさんある

サツマイモには、体《からだ》を動《うご》かすエネルギーになる炭水化物《たんすいかぶつ》（でんぷん）や、体《からだ》のちょうしを整《ととの》えるカリウムやカルシウム、ビタミンなどが、たくさんふくまれています。また、食物繊維《しょくもつせんい》が多《おお》いので、食《た》べると、お腹《なか》のちょうしを整《ととの》えるはたらきをします。

さらに、かぜや高血圧《こうけつあつ》をおさえたり、血液《けつえき》をきれいにするなどのはたらきもあるといわれています。

サツマイモとジャガイモの栄養《えいよう》くらべ（100gあたり）

（『日本食品標準成分表 2010（文部科学省）』を参考に作成）

いもの種類《しゅるい》	エネルギー kcal	水分《すいぶん》 g	たんぱく質《しつ》 g	脂質《ししつ》 g	炭水化物《たんすいかぶつ》 g	灰分《かいぶん》 g	カリウム mg	カルシウム mg	ビタミンB《ビー》1 mg	ビタミンB《ビー》2 mg	ビタミンC《シー》 mg	食物繊維《しょくもつせんい》 g
やいたサツマイモ	163	58.1	1.4	0.2	39.0	1.3	540	34	0.12	0.06	23	3.5
むしたサツマイモ	131	66.4	1.2	0.2	31.2	1.0	490	47	0.10	0.03	20	3.8
にたジャガイモ	73	81.0	1.5	0.1	16.8	0.6	340	2	0.06	0.03	21	1.6
むしたジャガイモ	84	78.1	1.5	0.1	19.7	0.6	330	2	0.05	0.02	15	1.8

●いもをまつった神社《じんじゃ》

サツマイモは、江戸時代《えどじだい》のはじめに中国《ちゅうごく》から琉球《りゅうきゅう》（今《いま》の沖縄《おきなわ》）につたわり、そこから鹿児島県《かごしまけん》につたわってきました。江戸時代《えどじだい》の中《なか》ごろ、青木昆陽《あおきこんよう》という学者《がくしゃ》が、ききんのときの食《た》べ物《もの》となるように、サツマイモの育《そだ》て方《かた》を関東《かんとう》地方《ちほう》にまで広《ひろ》めました。その結果《けっか》、たくさんの人《ひと》がききんを乗《の》りこえられるようになったのです。いのちをすくわれた人《ひと》びとは、青木昆陽《あおきこんよう》を「甘藷《かんしょ》（サツマイモのこと）先生《せんせい》」「いも神様《がみさま》」とよび、各地《かくち》に「いも神様《がみさま》」をまつった神社《じんじゃ》が建《た》てられるようになりました。

△埼玉県所沢市中富地区《さいたまけんところざわしなかとみちく》にある神明社《しんめいしゃ》の中《なか》の「いも神社《じんじゃ》」。サツマイモ栽培《さいばい》がさかんな地域《ちいき》で、栽培開始《さいばいかいし》255年《ねん》を記念《きねん》し、この地区《ちく》で栽培《さいばい》をはじめた吉田弥右衛門《よしだやえもん》と青木昆陽《あおきこんよう》をまつって建《た》てられました。社《やしろ》の前《まえ》にはサツマイモの形《かたち》の「なでいも」が置《お》かれ、狛犬《こまいぬ》はサツマイモをふんでいます。

◁青木昆陽《あおきこんよう》（1698－1769）。江戸時代《えどじだい》の蘭学者《らんがくしゃ》。8代将軍《だいしょうぐん》徳川吉宗《とくがわよしむね》に命《めい》ぜられ、関東地方《かんとうちほう》にサツマイモの栽培《さいばい》を広《ひろ》めました。

サツマイモを育《そだ》てよう ①

サツマイモは、だれでもかんたんに育《そだ》てることができます。サツマイモの栽培《さいばい》は、売《う》られているなえを買《か》ってきて植《う》えるのがかんたんです。でも、自分《じぶん》でたねいもを植《う》えて芽《め》を出《だ》させ、それをなえにすると、芽《め》が出《で》て育《そだ》つところから観察《かんさつ》できます。

たねいもには、ふつうに売《う》られているサツマイモをつかえます。ですから、自分《じぶん》でたべてみて、気《き》にいった種類《しゅるい》を育《そだ》てることもできます。春《はる》のはじめになえどこをつくり、そこにたねいもを植《う》えて、芽《め》を出《だ》させてみましょう。

■なえどこに植えたたねいもから出てきたサツマイモの芽。

●プランターでなえを育《そだ》てる

プランターをなえどこにして、なえを育《そだ》てることができます。培養《ばいよう》土《ど》をプランターの半分《はんぶん》くらいの深《ふか》さまで入《い》れ、そこにたねいもを置《お》いて、土《つち》をかぶせます。その上《うえ》にしめらせたわらをかぶせて、プランターごと発泡《はっぽう》スチロールのはこなどに入《い》れておきましょう。たねいも1本《ぽん》ならば、大《おお》きめの植木《うえき》ばちでも育《そだ》てられます。

① 病気《びょうき》の予防《よぼう》のため、たねいもを47℃の湯《ゆ》に30分《ぷん》ひたす。

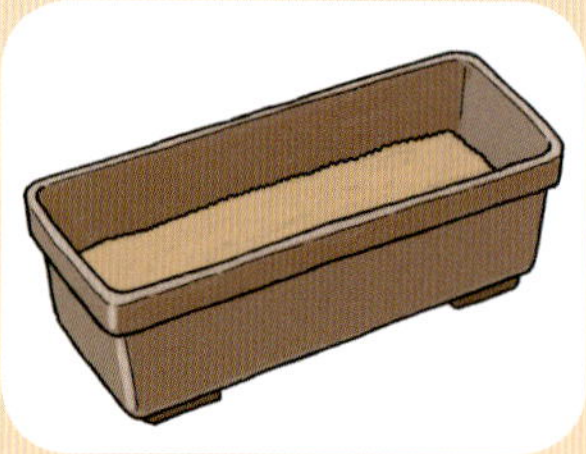

② 深《ふか》さ20㎝くらいのプランターに、培養土《ばいようど》を半分《はんぶん》くらいまでしく。

④ たねいもがかくれるくらいに、土《つち》をかぶせる。

⑤ 上《うえ》にわらをかぶせ、水《みず》をたっぷりあたえる。

△庭《にわ》の一部分《いちぶぶん》をかこってつくったなえどこのわく。ここにたねいもを植《う》え、上《うえ》からしめらせた落《お》ち葉《ば》やおがくず、わらなどをかぶせます。落《お》ち葉《ば》やおがくずから熱《ねつ》が出《で》て、土《つち》をあたためるので、たねいもから芽《め》が出《で》ます。

△なえどこで育《そだ》ったサツマイモのなえ。

③しいた培養土《ばいようど》の上《うえ》に、たねいもを、2～3本《ぼん》ならべる。

⑥発泡《はっぽう》スチロールのはこに入《い》れておく。

▽芽《め》がのびたたねいも。葉《は》の柄《え》が7～9本《ほん》出《で》たものを、つけねから2本《ほん》めの上《うえ》のところで切《き》りとります。

△のびた芽《め》を切《き》りとったなえ。

サツマイモを育《そだ》てよう❷

なえを植《う》えて、サツマイモを育《そだ》てて収穫《しゅうかく》してみましょう。庭《にわ》や学校《がっこう》の花《か》だんに植《う》えて、育《そだ》っていくようすも観察《かんさつ》してみましょう。家族《かぞく》みんなで育《そだ》てたり、何人《なんにん》ものなかまで育《そだ》てるときには、畑《はたけ》をかりたりして、たくさんのなえを植《う》えると、秋《あき》にたくさんのサツマイモをほり上《あ》げることができます。

●土《つち》をつくる

なえを植《う》える２週間《しゅうかん》くらい前《まえ》から、植《う》える場所《ばしょ》の土《つち》をたがやしたり、肥料《ひりょう》を入《い》れてじゅんびをしましょう。じゅんびをして１週間《しゅうかん》くらいたったら、なえを植《う》えるために、土《つち》をかまぼこ型《がた》にもり上《あ》げて、うねをつくりましょう。高《たか》くもり上《あ》げることで、いもが大《おお》きく育《そだ》つようになります。

△なえを植《う》えるじゅんびができた畑《はたけ》。５月《がつ》のなかばから、６月《がつ》のはじめに植《う》えられるように、じゅんびします。

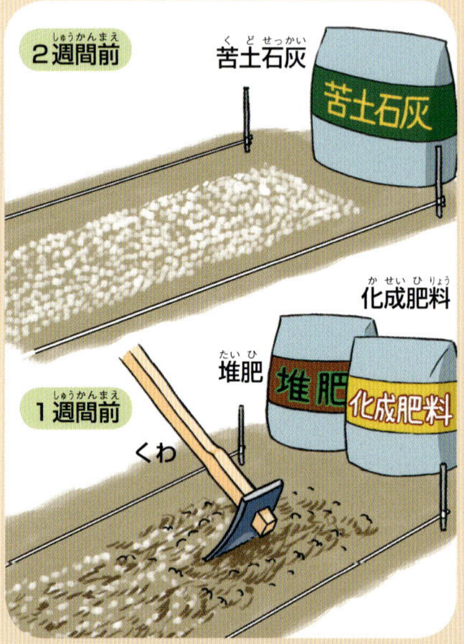

△植《う》える２週間前《しゅうかんまえ》に土《つち》に苦土石灰《くどせっかい》をよくまぜ、１週間前《しゅうかんまえ》には堆肥《たいひ》と化成肥料《かせいひりょう》*をよくまぜこみます。

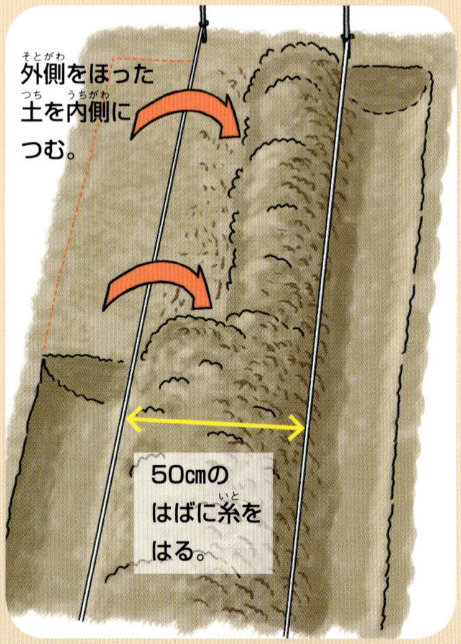

△両側《りょうがわ》からほった土《つち》をもり、高《たか》さ30㎝、はば50㎝くらいのうねをつくります。

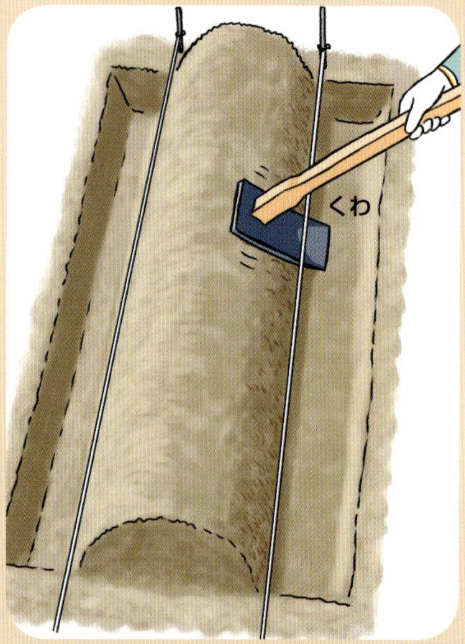

△くわや手《て》をつかって、もり上《あ》げた土《つち》の表面《ひょうめん》をならして、かまぼこ型《がた》に形《かたち》を整《ととの》えます。

* 1立方《りっぽう》メートルの土《つち》に、堆肥《たいひ》（または腐葉土《ふようど》）を3リットル、化成肥料《かせいひりょう》を100グラムほどまぜます。

●なえを植《う》えてみよう

△この本《ほん》でやっている植《う》え方《かた》で、ごくふつうにみられます。

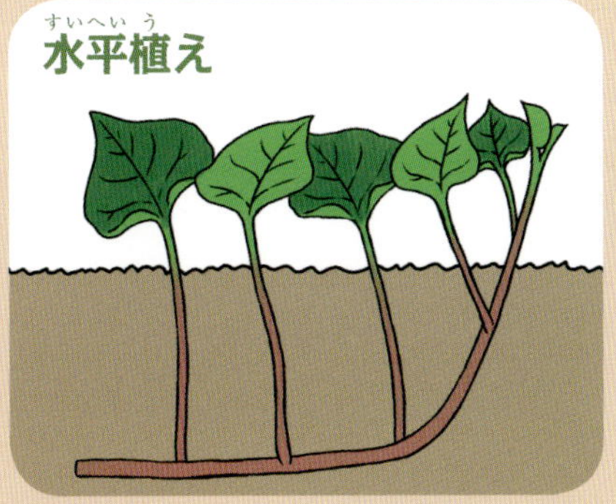

△少《すこ》し大《おお》きななえを植《う》えるときにつかいます。

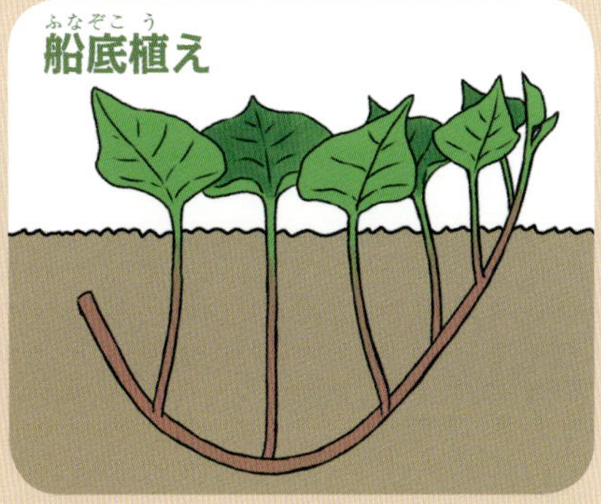

△大《おお》きくまがったなえを植《う》えるときにつかいます。

●せわのしかた

土《つち》がからからにならないように、ときどき朝《あさ》か夕方《ゆうがた》に、水《みず》をやりましょう。また、葉《は》がしげる前《まえ》は、こまめに雑草《ざっそう》をとりのぞきましょう。葉《は》がしげったあとは、ときどきみまわって、みつけた害虫《がいちゅう》をとりのぞいたり、目立《めだ》つ雑草《ざっそう》をとりのぞくようにしましょう。

△しげった葉《は》のあいだからのびていた雑草《ざっそう》を引《ひ》きぬいて、とりのぞいています。

●つる返《がえ》し

梅雨《つゆ》がおわってつるがのび、葉《は》がしげってきたら、先《さき》の方《ほう》からつるを引《ひ》っぱり上《あ》げて、つるからのびている不定《ふてい》根《こん》を切《き》る作業《さぎょう》をすることもあります。これを、つる返《がえ》しといいます。

つる返《がえ》しは、よぶんな不定根《ふていこん》が育《そだ》たないようにし、根元《ねもと》あたりにあるいもを大《おお》きく育《そだ》てるための作業《さぎょう》です。

△つる返《がえ》しをしたところ。いもにしない不定根《ふていこん》をぶちぶちと切《き》るように、つるを上《うえ》に引《ひ》っぱり、横《よこ》にたおします。

△うねの土《つち》をどけ、収穫《しゅうかく》のじゅんびができたサツマイモ。

サツマイモを育《そだ》てよう③

秋《あき》になってサツマイモの葉《は》がかれはじめたら、いもをほり上《あ》げましょう。少《すこ》しの量《りょう》しか植《う》えていなければ、つるごと引《ひ》っぱって、いもを引《ひ》きぬくこともできます。たくさん植《う》えた場合《ばあい》は、先《さき》にはさみやかまで切《き》り、うねの土《つち》をどけるようにしながらほり上《あ》げましょう。ほり上《あ》げたいもは、１本《ぽん》ずつ切《き》りはなし、水《みず》であらって、１週間《しゅうかん》ほど日《ひ》かげでほし、それから２日《ふつか》ほど日光《にっこう》にあててほすと、あまみがまします。

△ざるなどに入《い》れて、日《ひ》かげの風通《かぜとお》しのよい場所《ばしょ》で１週間《しゅうかん》ほどほし、それから２日《ふつか》ほど日光《にっこう》によくあてます。

●サツマイモをたべよう

サツマイモは、あまくて、栄養《えいよう》がたくさんあるいもです。収穫《しゅうかく》したサツマイモを料理《りょうり》*して、みんなでたべてみましょう。そのままふかしたり、アルミホイルでつつんで、やきいもにするのがかんたんです。ほかにも、あまいお菓子《かし》をつくってみましょう。

△ やきいもにしたサツマイモ。水《みず》であらって、そのままぬらした新聞紙《しんぶんし》でかんたんにくるみ、さらにアルミホイルでしっかりつつみます。オーブントースターに入《い》れて、30分《ぷん》くらいやきましょう。

サツマイモの甘露煮《かんろに》

あまくにたサツマイモです。ごはんのおかずやおやつとして、たべましょう。

材料《ざいりょう》

サツマイモ	小《しょう》2本《ほん》（約《やく》250g）
さとう	大《おお》さじ3ばい
みりん	大《おお》さじ2はい
しお	2つまみ

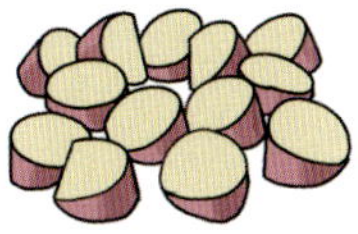

❶ サツマイモを5㎝くらいに、らん切《ぎ》りする。

❷ 水《みず》にさらし、火《ひ》にかけて、ふっとうさせる。

❸ ざるにあけて、湯《ゆ》を切《き》る。

❹ 水《みず》に入《い》れて、もう一《いち》度《ど》ふっとうさせる。

❺ 弱火《よわび》にして、砂糖《さとう》とみりん、しおを入《い》れる。

❻ につまって、つやが出《で》たら、できあがり。

スイートポテト

ゆでたサツマイモでつくるあまいお菓子《かし》です。おやつとして、たべましょう。

材料《ざいりょう》（6個分《こぶん》）

サツマイモ	中《ちゅう》1本《ぽん》（約《やく》250g）
さとう	大《おお》さじ1ぱい
バター	10g
バニラエッセンス	2てき
卵黄《らんおう》	少々《しょうしょう》

❶ 皮《かわ》つきのまま4等分《とうぶん》し、水《みず》にさらす。

❷ なべに入《い》れてサツマイモをゆでる。

❸ 湯《ゆ》をすて、皮《かわ》をむいて、つぶす。

❹ バターとさとう、バニラエッセンスを入《い》れて、よくまぜる。

❺ 6等分《とうぶん》して形《かたち》を整《ととの》え、アルミホイルに置《お》く。

❻ 卵黄《らんおう》をぬり、オーブントースターでやく。

*包丁《ほうちょう》や火《ひ》をつかうので、じゅうぶんに注意《ちゅうい》し、おとなの人《ひと》といっしょに調理《ちょうり》しましょう。

■培養土《ばいようど》のふくろで育《そだ》てたサツマイモ。小《ちい》さめですが、ちゃんといもができました。

サツマイモを育《そだ》てよう4

サツマイモは、プランターでは深《ふか》さがたりないのでうまくそだちませんが、培養土《ばいようど》をふくろごとつかって栽培《さいばい》することができます。畑《はたけ》や花《か》だんがなくても、ベランダなどで栽培《さいばい》できます。

培養土《ばいようど》を、右《みぎ》の写真《しゃしん》のように立《た》ててつかい、ふくろの下《した》のはし2か所《しょ》をはさみで切《き》って、水《みず》ぬきのあなにします。畑《はたけ》で育《そだ》てるのと同《おな》じように、2週間前《しゅうかんまえ》から土《つち》をつくり（50ページ）、なえを1本《ぽん》植《う》えつけましょう。植《う》えつけたら、たっぷりと水《みず》をやりましょう。

▲ふくろの下《した》のはしを、はさみで切《き》って、あなをつくります。

◀ふくろの上《うえ》の口《くち》をあけ、外側《そとがわ》にまるめていき、ふくろを立《た》てます。

①ふくろの中《なか》の土《つち》に、サツマイモのなえを1本《ぽん》ななめ植《う》えにし、水《みず》ぬきあなから出《で》るくらい、たっぷりと水《みず》をやります。

②根《ね》づくまで、日《ひ》ざしやかんそうをふせぐために、しめらせたわらやかれ草《くさ》などを、なえの上《うえ》にかぶせます。

③葉《は》が元気《げんき》に立《た》ち上《あ》がってきたら、かぶせていたわらやかれ草《くさ》などをとりのぞきます。

④植《う》えてから1か月《げつ》くらいたつと、つるをのばし、葉《は》の数《かず》がふえはじめます。

⑤夏《なつ》にはつるがのび、葉《は》がしげって、このような状態《じょうたい》になります。土《つち》がかわきすぎないよう、気《き》をつけましょう。

⑥秋《あき》になって葉《は》がかれてきたら、ふくろをはさみで切《き》って、いもを収穫《しゅうかく》しましょう。

みてみよう　やってみよう

サツマイモにアサガオをさかせてみよう

　サツマイモはアサガオと同《おな》じなかま（ヒルガオ科《か》）の植物《しょくぶつ》です。そのため、サツマイモにアサガオをつぎ木《き》すると、いもの栄養《えいよう》をつかってアサガオが育《そだ》ち、花《はな》をさかせることができます。植木《うえき》ばちに植《う》えたり、水栽培《みずさいばい》をしたりして、サツマイモにアサガオをさかせてみましょう。

　それぞれのつるどうしでつぎ木《き》する方法《ほうほう》や、いもにアサガオのつるを直接《ちょくせつ》つぎ木《き》する方法《ほうほう》などがあります。

△水栽培《みずさいばい》しているサツマイモのつるに、アサガオのつるをつぎ木《き》して育《そだ》て、アサガオの花《はな》がさきました。

▼はち植《う》えにしたサツマイモのつるに、アサガオのつるをつぎ木《き》したもの。

つるとつるをつぎ木《き》する

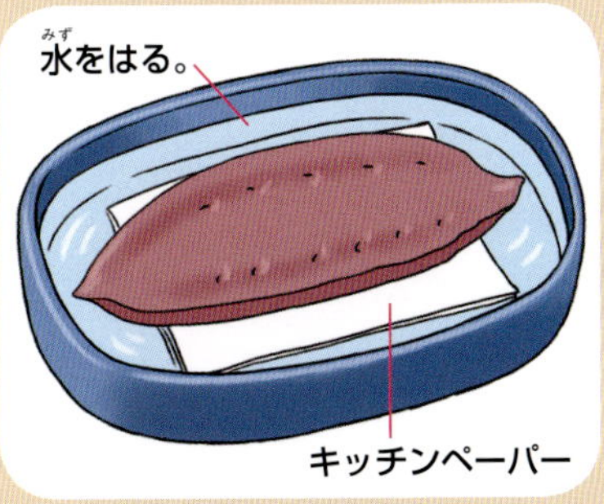

①サツマイモは、洗面器《せんめんき》や皿《さら》に脱脂《だっし》綿《めん》やキッチンペーパーをしき、水《みず》を入《い》れて芽《め》を出《だ》させる。

②アサガオは、ひとばん水《みず》につけたたねを、ポリポットの土《つち》に2㎝くらいの深《ふか》さで、１つぶずつまく。

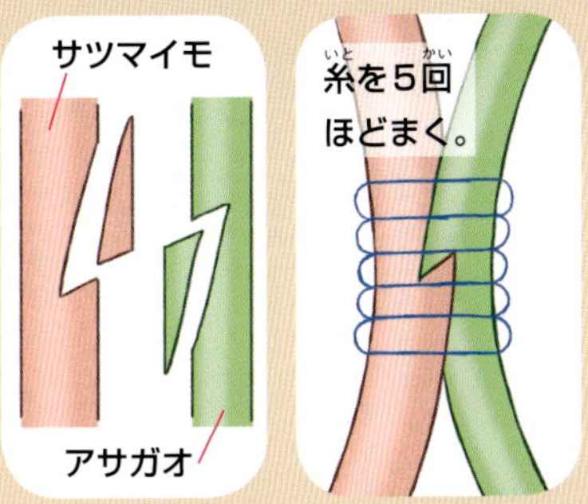

③アサガオとサツマイモのつるに切《き》れこみを入《い》れ、ぴったり合《あ》わせて糸《いと》でしばる。

④４本《ほん》くらいつぎ木《き》して、つぎ木《き》しなかったつるは切《き》って、いもからとりさる。

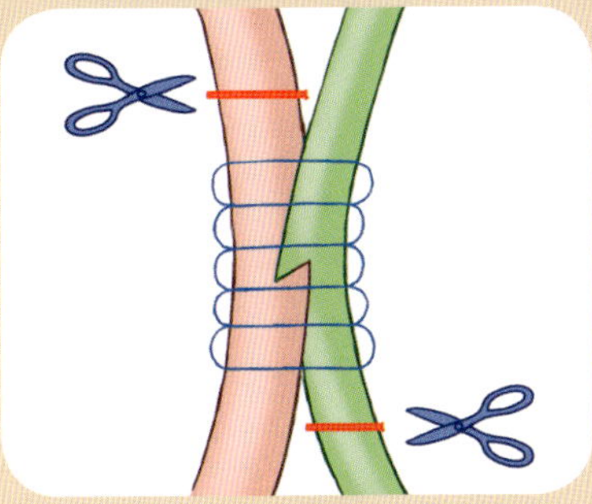

⑤１週間後《しゅうかんご》、つぎ木《き》した上《うえ》の部分《ぶぶん》でサツマイモのつるを、下《した》の部分《ぶぶん》でアサガオのつるを切《き》る。

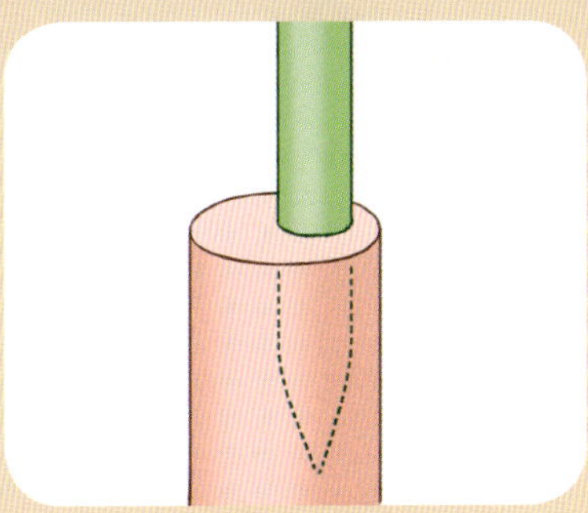

⑥アサガオのつるをとがらせて、サツマイモの茎《くき》の切《き》り口《くち》にさしてもつぎ木《き》できます。

いもに直接《ちょくせつ》つぎ木《き》する

◀植木《うえき》ばちに立《た》てて植《う》えたサツマイモの皮《かわ》を、一部分《いちぶぶん》むきます。そこに、芽《め》が出《で》てひらいたアサガオのふた葉《ば》をつけ、テープでとめてつぎ木《き》します。

かがやくいのち図鑑《ずかん》

サツマイモのなかま1

日本《にほん》では、30～40種類《しゅるい》のサツマイモが栽《さい》培《ばい》されています。よく栽培《さいばい》される種類《しゅるい》を紹《しょう》介《かい》します。

△どれも紅《べに》あずまですが、同《おな》じ種類《しゅるい》でも、さまざまな大《おお》きさや形《かたち》のサツマイモができます。

紅《べに》あずま（農林《のうりん》36号《ごう》）

つくりやすい種類《しゅるい》で成長《せいちょう》がはやく、植《う》えつけてから100～120日《にち》くらいで収穫《しゅうかく》できます。スーパーマーケットなどで、もっともよくみかける種類《しゅるい》です。

五郎島金時《ごろうじまきんとき》

石川県金沢市《いしかわけんかなざわし》の砂丘地帯《さきゅうちたい》で、江戸時代《えどじだい》からつくられている種類《しゅるい》です。水分《すいぶん》が少《すく》なく、お菓子《かし》などの材料《ざいりょう》につかわれます。

坂出金時《さかいできんとき》

香川県《かがわけん》の坂出市《さかいでし》でおもにつくられているあまみが強《つよ》い種類《しゅるい》です。梅雨《つゆ》のころから夏《なつ》にかけて出《で》まわります。

鳴門金時《なるときんとき》

徳島県鳴門市《とくしまけんなるとし》でおもにつくられている種《しゅ》類《るい》です。さらっとしたあまみがあり、ほとんどが関西地域《かんさいちいき》に出《で》まわります。

かがやくいのち図鑑《ずかん》

サツマイモのなかま2

サツマイモのなかには、皮《かわ》がじゃがいものような色《いろ》をした種類《しゅるい》や、中身《なかみ》がむらさき色《いろ》やオレンジ色《いろ》の種類《しゅるい》もあります。

クイックスイート

短時間《たんじかん》あたためるだけであまみがます種類《しゅるい》。スピード調理《ちょうり》にむいていて、電子《でんし》レンジで7分《ふん》ほどでやきいもがつくれます。

アヤコマチ（農林《のうりん》60号《ごう》）

中身《なかみ》がオレンジ色《いろ》の種類《しゅるい》です。切り口《きくち》がきれいなので、やいたりむしたりして調理《ちょうり》するほか、サラダとしてもよくつかわれます。

安納《あんのう》こがね

鹿児島県《かごしまけん》の種子島《たねがしま》でつくられているいもで、皮《かわ》はうすい赤茶色《あかちゃいろ》で、中身《なかみ》はクリーム色《いろ》です。水分《すいぶん》が多《おお》くてあまい種類《しゅるい》で、やくと中身《なかみ》がオレンジ色《いろ》になり、ねっとりしたクリームのようになります。

山川紫《やまがわむらさき》

おもに鹿児島県《かごしまけん》の指宿市《いぶすきし》山川地区《やまがわちく》でつくられている種類《しゅるい》です。皮《かわ》も中身《なかみ》もむらさき色《いろ》です。あまみが少《すく》なく、さっぱりしています。焼酎《しょうちゅう》の原料《げんりょう》や、お菓子《かし》やアイスクリームの材料《ざいりょう》につかわれます。

種子島紫《たねがしまむらさき》

安納《あんのう》こがねとならび、おもに鹿児島県《かごしまけん》の種子島《たねがしま》でつくられている種類《しゅるい》です。皮《かわ》がうす茶色《ちゃいろ》で、中身《なかみ》がむらさき色《いろ》です。中《なか》身《み》がむらさき色《いろ》のサツマイモのなかでは、あまく、ねっとりとしています。ふかして、あんにしてつかったり、焼酎《しょうちゅう》の原料《げんりょう》にしたりもします。

パープルスイートロード

皮《かわ》も中身《なかみ》もこいむらさき色《いろ》の種類《しゅるい》です。加《か》熱《ねつ》しても美《うつく》しいむらさき色《いろ》です。ゆでたり、やきいもにしてたべるほか、スイートポテトにしたり、生《なま》クリームとねって、ケーキにつかったりします。

さくいん

この本《ほん》で使《つか》っていることばの意味《いみ》

維管束《いかんそく》　種子植物《しゅししょくぶつ》（花《はな》がさき、たねをつくってふえる植物《しょくぶつ》）とシダ植物《しょくぶつ》の体《からだ》の中《なか》にある、水《みず》や養分《ようぶん》、栄養分《えいようぶん》などをはこぶための管《くだ》のたば。根《ね》から吸収《きゅうしゅう》された水《みず》や養分《ようぶん》をはこぶ道管《どうかん》がある木部《もくぶ》と、葉《は》でつくられた栄養分《えいようぶん》や老廃物《ろうはいぶつ》などをはこぶ師《し》管《かん》がある師部《しぶ》が組《く》み合《あ》わさり、できています。

光合成《こうごうせい》　植物《しょくぶつ》や細菌《さいきん》が太陽《たいよう》の光《ひかり》のエネルギーをつかって、体《からだ》の外《そと》からとり入《い》れた水《みず》と二酸化炭素《にさんかたんそ》を原料《げんりょう》として、でんぷんなどの栄養《えいよう》をつくりだすこと。植物《しょくぶつ》では、体《からだ》の細胞《さいぼう》の中《なか》にある葉緑体《ようりょくたい》の中《なか》で栄養《えいよう》がつくりだされ、栄養《えいよう》をつくるときに酸《さん》素《そ》が放出《ほうしゅつ》されます。光合成《こうごうせい》でつくりだされる栄養《えいよう》の量《りょう》は、光《ひかり》の強《つよ》さやまわりの温度《おんど》、空気中《くうきちゅう》の二酸化炭素《にさんかたんそ》の濃度《のうど》によってかわります。

細胞《さいぼう》　ウイルス以外《いがい》のすべての生《い》き物《もの》の体《からだ》をつくっている、基本《きほん》になる単位《たんい》。アメーバやゾウリムシのように、たった1個《こ》の細胞《さいぼう》でできている生《い》き物《もの》もいますが、植物《しょくぶつ》や動物《どうぶつ》など多《おお》くの生《い》き物《もの》は、たくさんの細胞《さいぼう》があつまって体《からだ》ができています。サツマイモなどの植物《しょくぶつ》の細胞《さいぼう》は、細胞《さいぼう》のまわりに細胞壁《さいぼうへき》というしきりがあります。細胞《さいぼう》の中《なか》は細胞質《さいぼうしつ》でみたされていて、遺伝子《いでんし》をふくんでいる核《かく》や、液胞《えきほう》、葉緑体《ようりょくたい》など、さまざまな器官《きかん》がつつまれています。

つぎ木《き》　植物《しょくぶつ》の芽《め》や茎《くき》、枝《えだ》などを切《き》りとって、根《ね》がある別《べつ》の種類《しゅるい》の植物《しょくぶつ》にくっつけて育《そだ》てる技術《ぎじゅつ》。同《おな》じなかまや近《ちか》い関係《かんけい》にある植物《しょくぶつ》でつぎ木《き》するのが一般的《いっぱんてき》です。たねではふやせない品種《ひんしゅ》をふやしたり、病気《びょうき》に強《つよ》い植物《しょくぶつ》につぎ木《き》して、病気《びょうき》をふせぐ目的《もくてき》などでおこなわれます。

昼《ひる》の長《なが》さと開花《かいか》の関係《かんけい》　サツマイモは、昼《ひる》の長《なが》さがある時間《じかん》より短《みじか》くなったのを感《かん》じて、花《はな》の芽《め》がつくられる植物《しょくぶつ》です。このような植物《しょくぶつ》を短日植物《たんじつしょくぶつ》といいます。つまり、昼《ひる》の長《なが》さが1年《ねん》のうちいちばん長《なが》くなる夏至《げし》（6月《がつ》20日《はつか》、21日《にち》ごろ）がすぎ、だんだん昼《ひる》の長《なが》さが短《みじか》くなっていき、ある時間《じかん》より短《みじか》くなってから、サツマイモの花《はな》の芽《め》がつくられるのです。そして、夏《なつ》の終《お》わりから秋《あき》に花《はな》がさきます。しかし、もともと暖《あたた》かい場所《ばしょ》で育《そだ》つ植物《しょくぶつ》なので、関東地方《かんとうちほう》あたりより北《きた》の地域《ちいき》では、花《はな》がさくころには温度《おんど》が低《ひく》く、日《ひ》ざしも弱《よわ》くなりすぎて、うまく花《はな》がさきません。沖縄《おきなわ》や九州《きゅうしゅう》などでは、秋《あき》にも気温《きおん》が高《たか》く、日《ひ》ざしも強《つよ》いので、花《はな》はふつうにさきます。キクやアサガオ、イネなどが代表的《だいひょうてき》な短日植物《たんじつしょくぶつ》です。

　サツマイモとはぎゃくに、昼《ひる》の長《なが》さがある時間《じかん》より長《なが》くなると花《はな》の芽《め》がつくられる植物《しょくぶつ》もあります。これを長日植物《ちょうじつしょくぶつ》といいます。ホウレンソウやコムギが代表的《だいひょうてき》な長日植物《ちょうじつしょくぶつ》です。

根《ね》　種子植物《しゅししょくぶつ》とシダ植物《しょくぶつ》がもつ基本的《きほんてき》な器官《きかん》のひとつ。ふつうは地中《ちちゅう》にあり、地上《ちじょう》にある植物《しょくぶつ》の体《からだ》をささえ、地中《ちちゅう》から水《みず》や養分《ようぶん》をすい上《あ》げ、地上《ちじょう》にある茎《くき》や葉《は》などにおくるやくめをします。ダイズをはじめ双子葉植物《そうしようしょくぶつ》では、太《ふと》い主根《しゅこん》があり、そこから側根《そっこん》が枝分《えだわ》かれしてのびます。これに対《たい》してイネやトウモロコシなどの単子葉植物《たんしようしょくぶつ》では、同《おな》じような太《ふと》さの細《ほそ》いひげ根《ね》がたくさんのびます。根《ね》には毛《け》のように細《ほそ》い毛根《もうこん》がたくさんはえていて、ここから地中《ちちゅう》の水《みず》や養分《ようぶん》をすい上《あ》げます。サツマイモでは、不定根《ふていこん》であるごぼう根《ね》やいもから、細《ほそ》い根《ね》がたくさん出《で》て、土《つち》の中《なか》の水分《すいぶん》や養分《ようぶん》をすい上《あ》げます。

NDC 479
亀田龍吉
科学のアルバム・かがやくいのち 16
サツマイモ
いもの成長
あかね書房 2021
64P 29cm × 22cm

■監修 白岩 等
■写真 亀田龍吉
■文 大木邦彦（企画室トリトン）
■編集協力 企画室トリトン（大木邦彦・堤 雅子）
■写真協力 （株）アマナイメージズ
p4-5 GAKKEN ／ amana images
p27 左上、p29 右上 高橋 孜
p28-29 姉崎一馬
p29 右下 Nature Picture Library
p29 左下、p36 左下・円内、p56 左下 埴 沙萠
p44 井上裕子
■イラスト 小堀文彦
■デザイン イシクラ事務所（石倉昌樹・隈部瑠依）
■撮影協力 尾高良正、小瀬澤 久

■参考文献
・シンジェンタ ジャパンホームページ[害虫と病気の話第38話 サツマイモの害虫と天敵の働き]http://www.syngenta.co.jp/cp/support/gaichu/gaichu38_satsumaimo.html
・『日本食品標準成分表2010』、文部科学省
・農林水産省作物統計（2019）
・『まるごと楽しむサツマイモ百科 第8刷』（2001）、武田秀之・著、農山漁村文化協会
・『そだててあそぼう3 サツマイモの絵本』（2011）、武田秀之・編、仁科幸子・絵、農山漁村文化協会
・『かんさつ名人 はじめての栽培5 サツマイモ』（2012）、小金井小学校生活科部・指導、大角修・文、菊池東歩太／高橋尚樹・写真、小峰書店

科学のアルバム・かがやくいのち 16
サツマイモ いもの成長

2013年3月初版 2021年11月第2刷

著者 亀田龍吉
発行者 岡本光晴
発行所 株式会社 あかね書房
〒101-0065 東京都千代田区西神田３－２－１
03-3263-0641（営業） 03-3263-0644（編集）
https://www.akaneshobo.co.jp
印刷所 株式会社 精興社
製本所 株式会社 難波製本

ISBN978-4-251-06716-6